Scarf & Shawl

1 ✳ 水玉花样长围巾

这款围巾用方眼针表现出水玉花样。
长长的流苏和水蓝色给人留下清凉的印象。

设计／风工房
用线／和麻纳卡 Wash Cotton《Crochet》
编织方法／p.34

2 ✳ 植物花样围巾

这款围巾是从中间向两边编织的，
两端以贝壳花样收尾，
宛如长长的茎上开出了花。

设计／岸 睦子
用线／和麻纳卡 APRICO
编织方法／p.35

3 ✳ 网眼针三角形披肩

从三角形披肩的顶点开始编织。在边缘编织的三角形花样顶端加上了耳，更添柔美气息。

设计／冈真理子　制作／水野 顺　用线／和麻纳卡 Flax C　编织方法／p.36

4 ＊ 扇形花样围巾

这款围巾自然形成的曲线柔和地贴于颈部。贝壳状的边缘和粉嫩的颜色，让这款围巾充满女性气息。

设计／横山纯子　用线／和麻纳卡 Wash Cotton《Crochet》　编织方法／ p.38

5 ✳ 螺旋花样披肩

这款披肩的编织花样由三角形堆叠而成。把线头处理好的话，使用时便无须留意正反面。

设计／冈本真希子　用线／奥林巴斯 Emmy Grande　编织方法／p.40

6 ✳ 梯形拼接大披肩

这款披肩除了两端的2片以外，其他的只要重复编织相同形状的长针花片即可。使用了柔软的蕾丝线编织，肌肤触感舒适，是空调房中的防寒利器。

设计/柴田 淳　用线/达摩手编线 蕾丝线#20　编织方法/ p.44

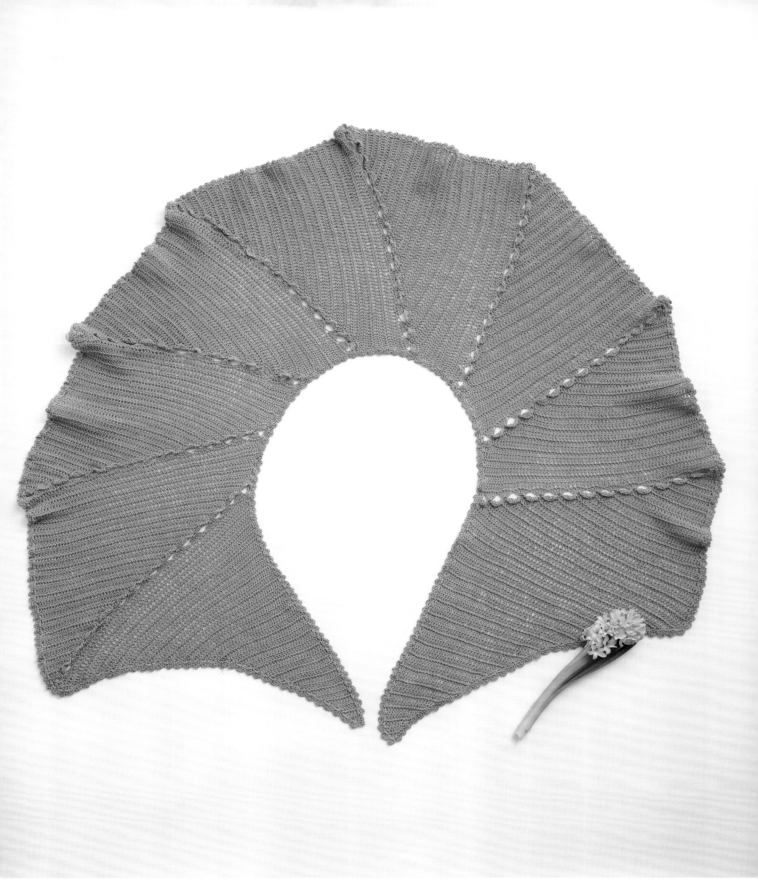

7 ✳ 铁线莲花样长围巾

这款围巾是用横向3片相连的连编花片编织而成的。以1横行为单位增减花片，便可调整至所需的长度。

设计／河合真弓　制作／关谷幸子　用线／达摩手编线 蕾丝线#30葵　编织方法／p.46

8 ✳ 西番莲花样三角形披肩

这款披肩用连编花片从三角形的底边开始编织。它拥有配置绝妙的花片拼接，即使在身前打一个单结，也不会影响花片的形状。

设计／冈真理子　用线／奥林巴斯 Emmy Grande　编织方法／p.42

9 ✳ 风车花片和网眼针围巾

将花片连成筒状, 网眼针也环形编织。
围在脖子上的时候, 花片的重量会令围巾自然下垂。

设计／柴田 淳
用线／和麻纳卡 Flax C
编织方法／p.50

10 ✳ 之字形花样披肩

跨越2行的3卷长针和锁针组合在一起，如同花片连在一起，
成为这款披肩的亮点。

设计／岸 睦子　制作／志村真子
用线／奥林巴斯 Emmy Grande、
Emmy Grande〈Colorful〉
编织方法／p.39

11 ✳ 有闪亮珠子的围巾

这款围巾在编织褶边的边缘时穿入了透明的珠子。可以在肩膀上打一个结，也可以用胸针固定，像装饰领一样使用。

设计／冈本真希子　用线／DMC Cebelia #30　编织方法／p.48

12 ✳ 炫彩花片长围巾

先用12种颜色的线分别编织花片中心的圆形，周围再用浅灰色线连在一起。用1种颜色略显沉稳的线将多种颜色的花片串联在一起。

设计／风工房　用线／DMC COTTON PERLE 8号线　编织方法／p.52

13 ✳ 菠萝花样披肩

这款典雅的披肩是用散发着光泽的银灰色线编织而成的。搭配无袖的上装,从肩部披下来,便能转换成休闲风格。

设计╱横山纯子 用线╱达摩手编线 蕾丝线#30葵 编织方法╱p.53

14 ✳ 玫瑰花图案三角形披肩

这款带有玫瑰花图案的方眼花样披肩充满怀旧气息。如果想看起来更加成熟，可以搭配同色系服装，也推荐换成黑色线编织。

设计/风工房 用线/奥林巴斯 金票 #40蕾丝线 编织方法 / p.55

15 ✳ 菠萝花样三角形披肩

这是一款整面编织了菠萝花样的大披肩。
因为是用细线编织的，所以具有适度的透视感和针目密度，搭配使用十分顺手。

设计/河合真弓　制作/堀口美雪　用线/奥林巴斯 金票#40蕾丝线　编织方法/p.58

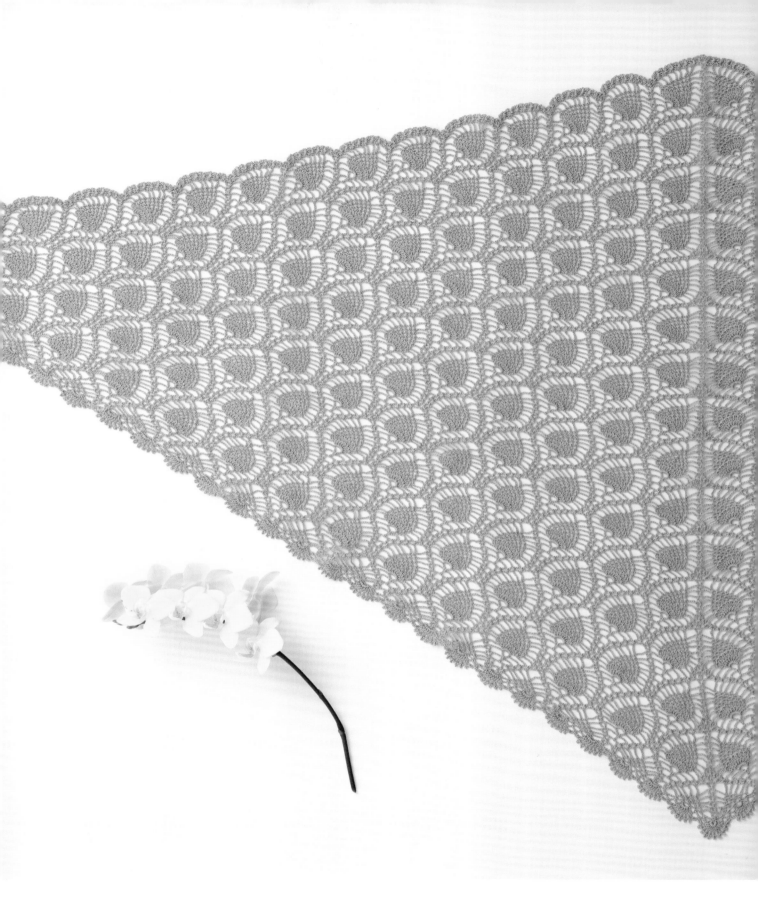

16 ✳ 菠萝花样圆形披肩

如孔雀羽毛般展开的菠萝花样,让这款披肩美不胜收。因为宽度足够,所以能牢牢地披在肩上。

设计／岸 睦子　用线／达摩手编线 蕾丝线#40紫野　编织方法／p.60

17 ✳ 菠萝花花边长围巾

在纯棉玻璃纱的围巾两端,全都缝上了编织好的花边。
如果希望减轻围巾的分量,可以以花样为单位调整宽度。

设计/河合真弓 制作/冲田喜美子
用线/DMC COTTON PERLE 8号线
编织方法/p.54

18 ✳ 扇形花样花边披肩

在种类丰富的利伯缇（LIBERTY）塔纳胚布（Tana Lawn）面料上缝上花边，就是
独一无二的披肩。
长度和宽度都可以根据自己的喜好来决定。

设计／冈真理子 制作／Futaba Onishi
用线／达摩手编线 蕾丝线＃40紫野
编织方法／p.63

奥林巴斯

图片	线名	品质	规格	线长	建议针号
1	Emmy Grande〈Colorful〉	100% 棉	25g/团	约110m	蕾丝针0号~钩针2/0号
2	Emmy Grande	100% 棉	50g/团	约218m	蕾丝针0号~钩针2/0号
3	金票#40蕾丝线	100% 棉	50g/团	约445m	蕾丝针6 ~8号
			10g/团	约89m	

达摩手编线

图片	线名	品质	规格	线长	建议针号
4	蕾丝线#30葵	100% 棉（高级比马棉）	25g/团	145m	蕾丝针2 ~4号
5	蕾丝线#20	100% 棉（高级比马棉）	50g/团	210m	钩针2/0 ~3/0号
6	蕾丝线#40紫野	100% 棉	25g/团	206m	蕾丝针6 ~8号
			10g/团	82m	

和麻纳卡

图片	线名	品质	规格	线长	建议针号
7	Wash Cotton《Crochet》	64% 棉、36% 涤纶	25g/团	约104m	钩针3/0号
8	Flax C	82% 亚麻、18% 棉	25g/团	约104m	钩针3/0号
9	APRICO	100% 棉（超长棉）	30g/团	约120m	钩针3/0 ~4/0号

DMC

图片	线名	品质	规格	线长	建议针号
10	COTTON PERLE 8号线	100% 棉	10g/团	80m	蕾丝针4 ~6号
11	Cebelia #30	100% 棉	50g/团	540m	蕾丝针4 ~6号

作品的编织方法

1 ※ 水玉花样长围巾 …图片见p.2

●材料和工具
线……和麻纳卡 Wash Cotton《Crochet》 水蓝色(143)
120g/5团
针……钩针2/0号

●成品尺寸
宽16cm、长174cm（含流苏）

●编织密度
10cm×10cm面积内　编织花样38针,14行

●编织要点
编织61针锁针起针，挑起锁针的里山编织第1行。自第2行以后，除立起的锁针以外，均成束挑起前一行的锁针，按照编织花样编织。将线对折做成流苏，连接在指定位置的针目上。在起针一侧挑起剩余的2根线，在编织终点一侧挑起最终行的顶部2根线，连接流苏。

编织花样

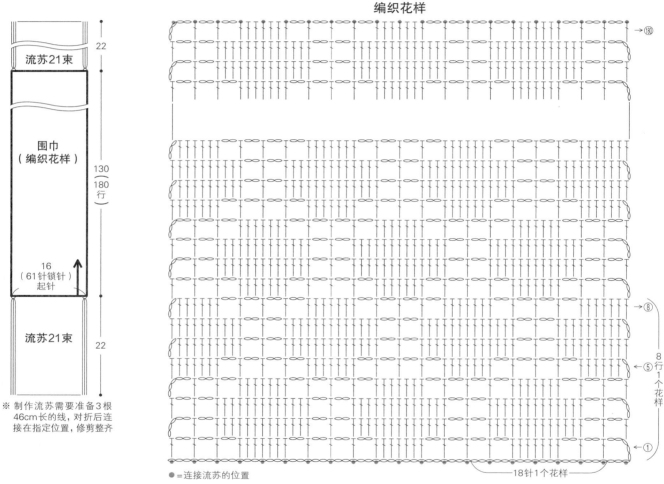

流苏21束

围巾
（编织花样）

130
(180
行)

22

22

16
（61针锁针）
起针

流苏21束

※ 制作流苏需要准备3根46cm长的线，对折后连接在指定位置，修剪整齐

→⑱

→⑧
⑤
①

8
行
1
个
花
样

●=连接流苏的位置

18针1个花样

连接流苏的方法

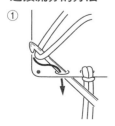
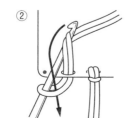
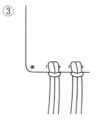

①　②　③

2 ✳ 植物花样围巾 …图片见p.3

●材料和工具
线……和麻纳卡 APRICO 草绿色(27)135g／5团
针……钩针3/0号

●成品尺寸
宽22cm、长170cm

●编织密度
编织花样 A 1个花样在6cm×10cm面积内为7行

●编织要点
从中间编织65针锁针起针，继续编织2针立起的锁针，挑起起针的锁针的半针和里山2根线，编织1针长针、狗牙针、2针锁针，在与狗牙针的引拔针相同的位置上钩入1针长针，编织完成边缘的装饰。挑起起针，做编织花样A的第1行，钩好边缘的装饰后编织第2行。连续编织至编织花样B，将线剪断。另一侧则挑起起针剩余的1根线，按照相同的要领编织。

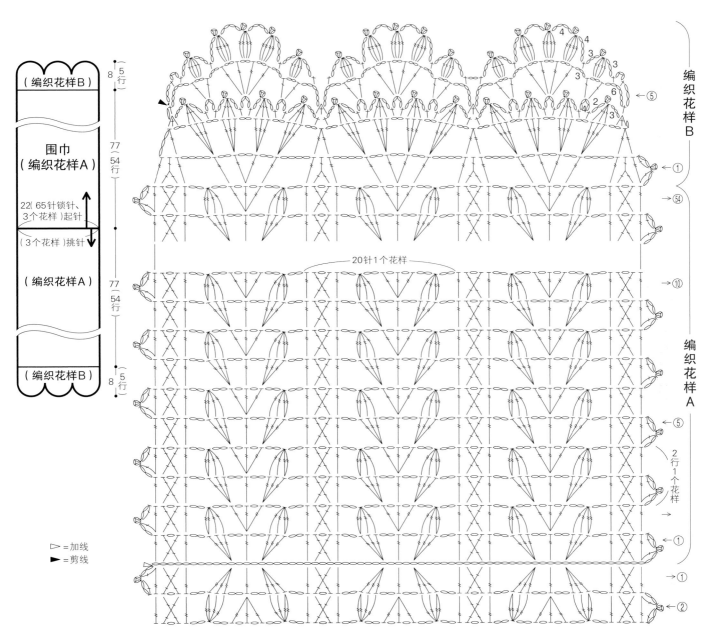

▷=加线
▶=剪线

、 的编织方法参考p.43、45

3 ✳ 网眼针三角形披肩 …图片见p.4

●材料和工具
线……和麻纳卡 Flax C 柠檬黄色(109)150g ／6团
针……钩针3/0号

●成品尺寸
底边长143cm、高55.5cm

●编织密度
编织花样 1个花样在1.6cm×10cm面积内为16.5行

●编织要点
编织1针锁针起针，按照编织花样编织。成束挑起前一行的锁针编织短针，一边在两侧加针一边编织86行，形成三角形。分开立起的锁针后挑针。继续在周围做2行边缘编织。

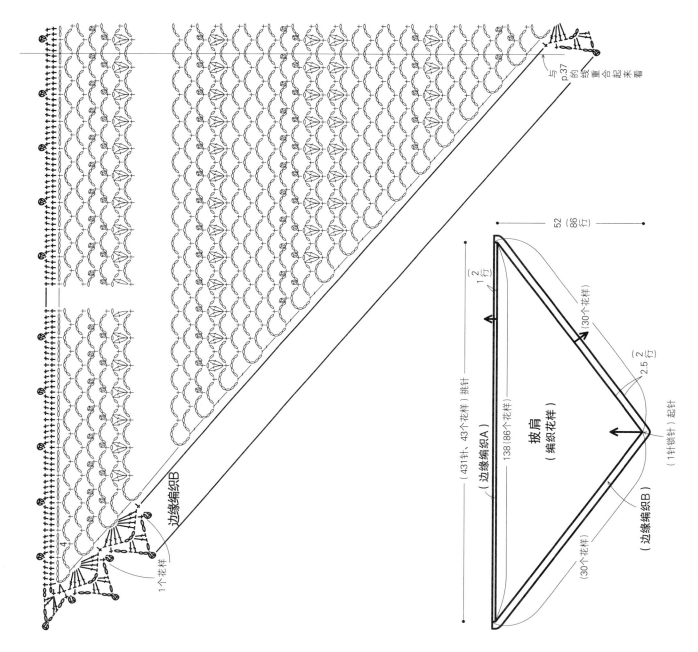

Lacy Crochet Scarf & Shawl

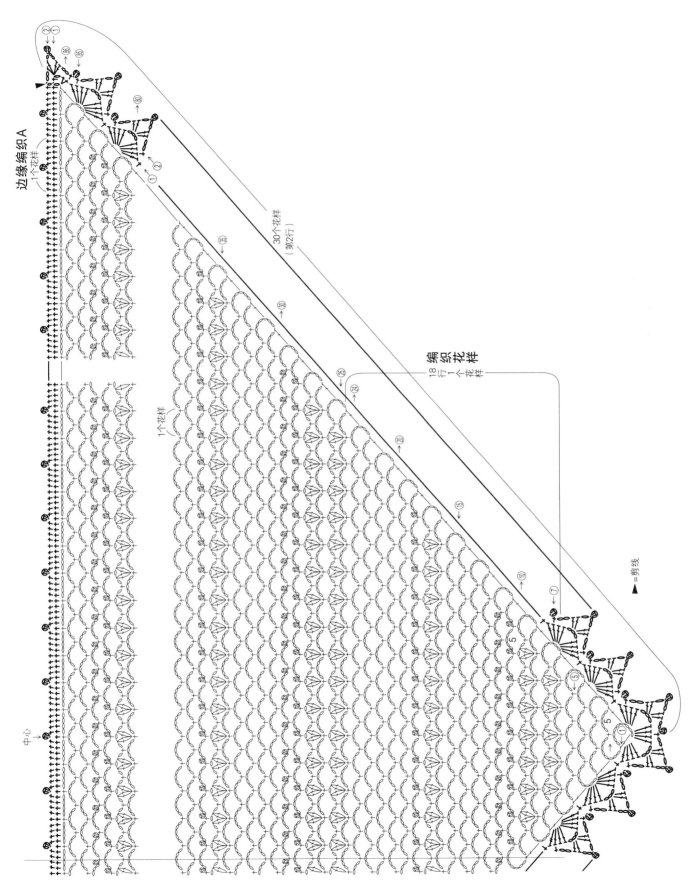

边缘编织A

1个花样

30个花样（第2行）

编织花样

18行1个花样

1个花样

中心

▲ =剪线

4 ❋ 扇形花样围巾 …图片见p.6

●材料和工具
线 …… 和麻纳卡 Wash Cotton
《Crochet》 贝壳粉色(113)105g/5
团
针……钩针3/0号

●成品尺寸
宽14cm、内侧边长145.5cm（ 边缘
编织一侧）

●编织密度
编织花样 1个花样为8.5cm×13.5cm，
13.5cm内15行

●编织要点
编织358针锁针起针，第1行挑起锁
针的半针和里山2根线，编织短针和
5针锁针。其中短针需重复间隔3针
与2针来挑针。自第2行以后，除立
起的锁针以外，均成束挑起前一行
的锁针，按照编织花样编织至第15
行。继续做边缘编织。

编织花样

编织花样

边缘编织
2针1个花样

重复21针、6山
1个花样

围巾(编织花样)
144.5（ 358针锁针、102
山、17个花样)起针

（1795个花样）
挑针

13.5
15行

0.5
1行

145.5

20个花样
挑针

（边缘编织）

20个花样
挑针

□ =加线
▲ =剪线

Lacy Crochet Scarf & Shawl

10 ✳ 之字形花样披肩 …图片见p.17

●材料和工具
线……奥林巴斯 Emmy Grande 青紫色(335)
60g/2团, 灰色(486)、白色(801)各50g/各1
团; Emmy Grande〈Colorful〉蓝色和灰色的
混合色(C10)50g/2团
针……钩针2/0号

●成品尺寸
宽41cm、长142cm

●编织密度
条纹花样 1个花样约长5.7cm,12行约13cm

●编织要点
配色的线无须剪断,休线至下次钩这个颜色的
时候,在端点渡线至上方。用白色线编织169
针锁针起针,换成灰色线,挑起锁针的半针和
里山2根线,编织第1行的长针。自第3行以后,
一边按照指定的颜色换线一边编织,如果前一
行是锁针,则成束挑起后进行编织。立起的锁
针需分开后挑起。编织起点和编织终点一侧边
缘的短针,分别按照指定的颜色加线进行编织。
两侧的边缘编织需将编织花样的顶端针目与渡
线一起挑起进行编织。

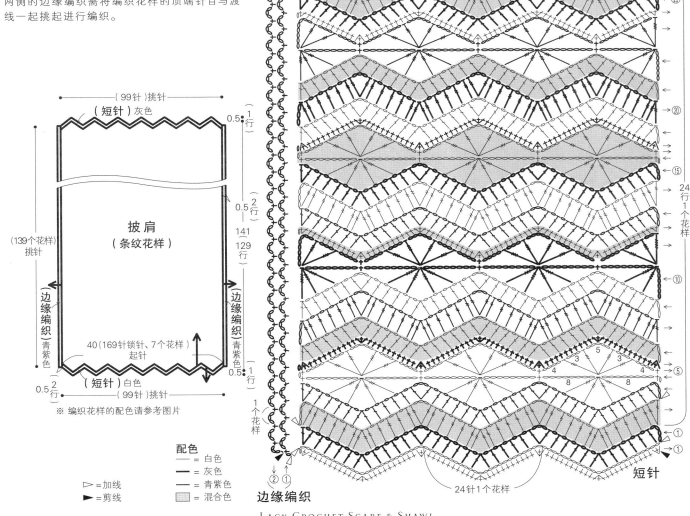

条纹花样

披肩
(条纹花样)

(139个花样)挑针

(边缘编织)青紫色

40(169针锁针、7个花样)
起针

(短针)灰色

(99针)挑针

(短针)白色

(99针)挑针

※ 编织花样的配色请参考图片

边缘编织

配色
—— =白色
—— =灰色
—— =青紫色
▨ =混合色

▷ =加线
► =剪线

24行1个花样

24针1个花样

短针

5 ✳ 螺旋花样披肩 ···图片见p.9

●材料和工具
线······奥林巴斯 Emmy Grande 浅绿色(241)175g／4团
针······钩针2/0号

●成品尺寸
宽29cm（图示处）、长120cm（内侧）

●编织密度
10cm×10cm面积内 约12个编织花样，13.5行

●编织要点
编织194针锁针起针，挑起锁针的半针和里山2根线，编织第1行。一边在单侧减针一边做18行编织花样。在第18行继续编织36针锁针，从锁针上挑针做12个花样，再从编织花样的斜线上挑针做52.5个花样，编织下一个三角形。编织7个三角形，继续围绕四周做1行边缘编织。

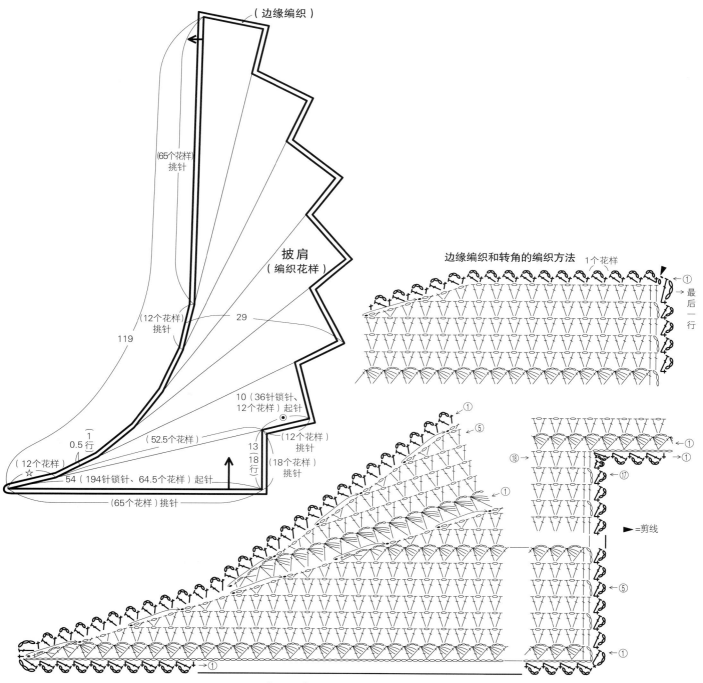

（边缘编织）

（65个花样）挑针

披肩
（编织花样）

（12个花样）挑针

119

29

边缘编织和转角的编织方法   1个花样

10（36针锁针、12个花样）起针

0.5 行

（52.5个花样）

（12个花样）挑针

13

18 行

（18个花样）挑针

（12个花样）☆

54（194针锁针、64.5个花样）起针

（65个花样）挑针

▶=剪线

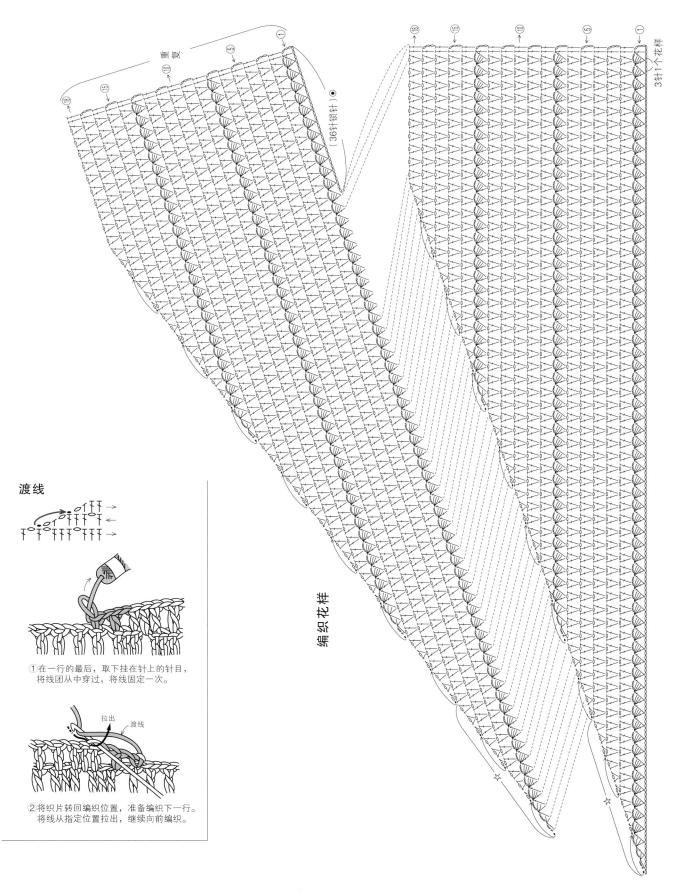

渡线

①在一行的最后，取下挂在针上的针目，
  将线团从中穿过，将线固定一次。

拉出 渡线

②将织片转回编织位置，准备编织下一行。
  将线从指定位置拉出，继续向前编织。

重复

编织花样

3针1个花样

（3针锁针）

8 ✳ 西番莲花样三角形披肩 ···图片见p.14

●**材料和工具**
线……奥林巴斯 Emmy Grande 淡红色(162)115g／3团
针……钩针2/0号

●**成品尺寸**
高42cm、底边长134.5cm

●**编织密度**
花片直径6.3cm

●**编织要点**
将6针锁针做成圆环，开始编织第1片花片，在第3行的中途编织24针锁针，移至第2片花片。将24针锁针的最后6针做成圆环，在

第7针上引拔，线拉至锁针的下侧，挑起第8针锁针的半针和里山2根线引拔。继续编织第1行的中长针。在第一行的最后，与刚才相同，在第8针上引拔做成圆环，在起立针后面的第2针锁针上引拔，在第3针上按照与第8针相同的要领引拔，进入第2行。在第3行，需要一边与旁边的花片相连一边进行编织，做好下半部分后移至第3个花片。按照相同的要领，编织至第21片，这次一边编织各个花片的上半部分一边返回。移至下一个花片时的引拔针，需分开锁针后挑起。编织完第84片花片后，编织斜线部分，返回第1片，继续做边缘编织。成束挑起花片的锁针，编织边缘编织的短针。

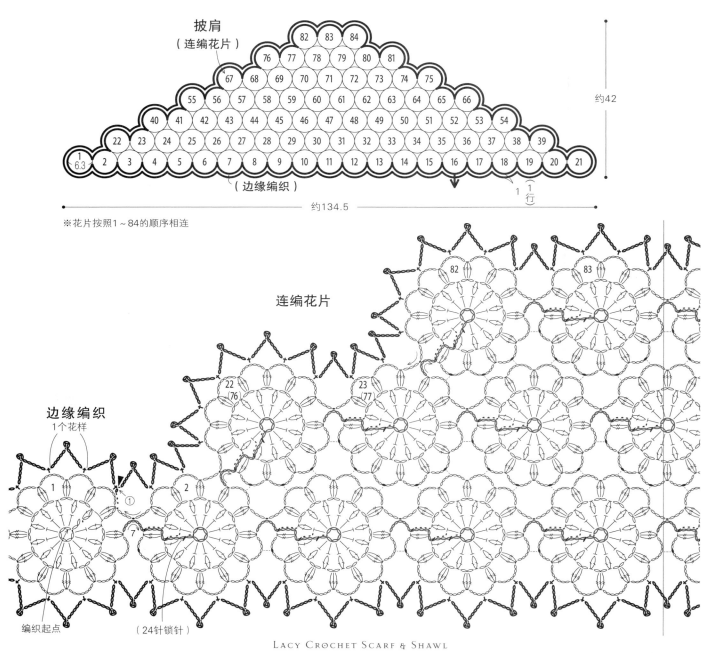

披肩
（连编花片）

约42

约134.5

（边缘编织）

※花片按照1~84的顺序相连

连编花片

边缘编织
1个花样

编织起点

（24针锁针）

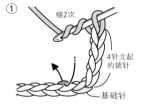

长针的十字针（中间2针锁针）

① 绕2次
4针立起的锁针
基础针

在针上绕2次线，从锁针的里山入针。

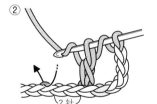

② 2针

编织未完成的长针。再在针上挂线，编织未完成的长针。

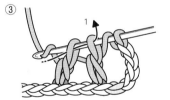

③ 1

从靠近针头的2个线圈中引拔出。

④ 2 3

针上挂线，每2个线圈引拔一次。

⑤ 继续编织2针锁针。

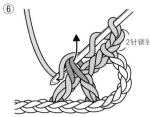

⑥ 2针锁针

针上挂线，从下方的2根线处入针，挂线后拉出。

⑦ 1 2

再次针上挂线，每2个线圈引拔一次。

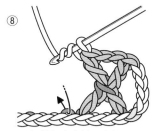

⑧ 长针的十字针（中间2针锁针）完成。

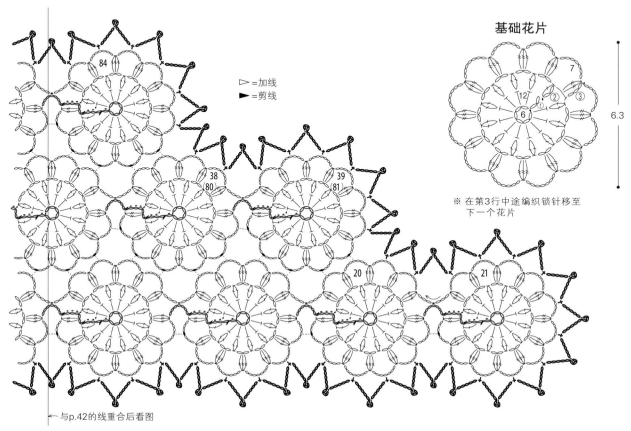

▷ =加线
► =剪线

基础花片

※ 在第3行中途编织锁针移至下一个花片

6.3

← 与p.42的线重合后看图

Lacy Crochet Scarf & Shawl

6 ✳ 梯形拼接大披肩 …图片见p.10

●材料和工具
线……达摩手编线 蕾丝线＃20 芥末黄色(17)250g／5团
针……钩针3/0号
●成品尺寸
宽35cm、长107cm (内侧)
●编织密度
10cm×10cm面积内 长针22个花样,11行

●编织要点
编织1针锁针起针做A,一边在单侧加针一边编织35行;从下一
行开始一边每2行逐级而上留下针目一边编织27行。参考图示做
B,从A的行上挑针,编织成梯形。重复编织7次B,按照相同的要
领,一边在单侧减针一边编织35行做C,将线剪断。在编织起点
位置加线,围绕四周做1行边缘编织。

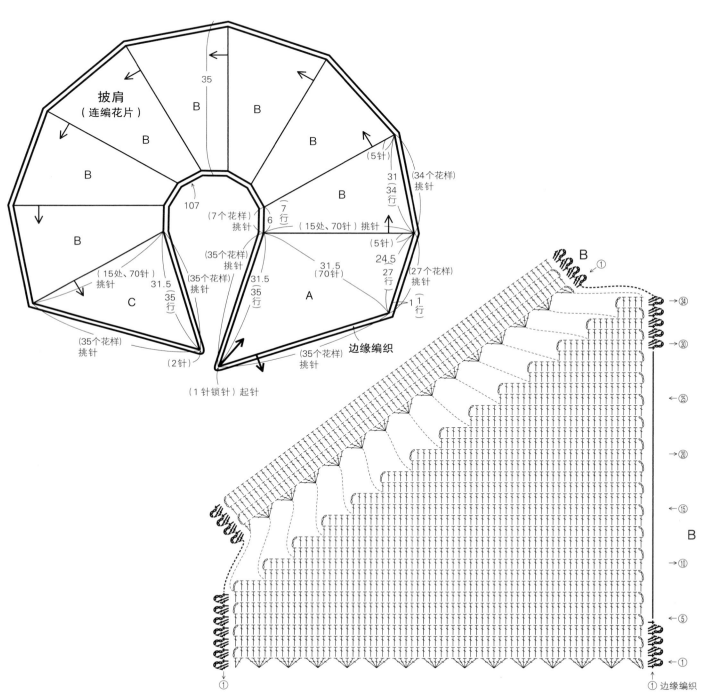

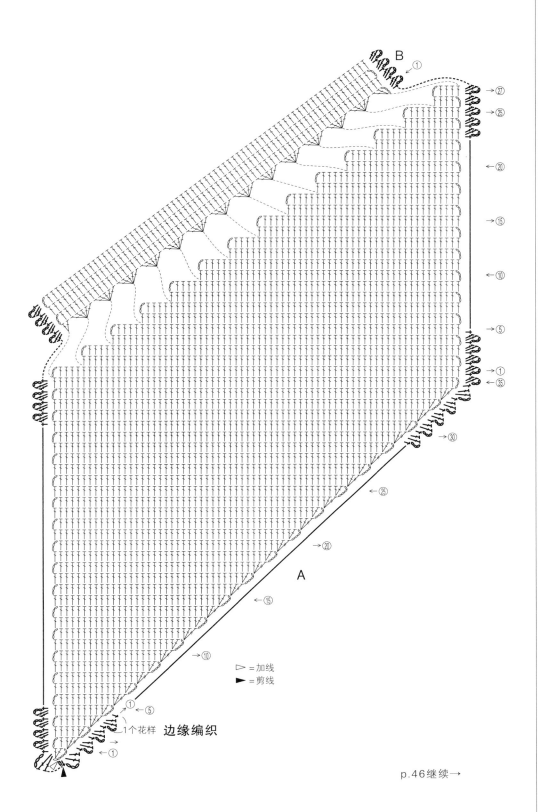

B

① ←㉗
←㉕

←⑳
←⑮
←⑩
←⑤
←①
←㉟
→㉚
←㉕
→⑳
←⑮
→⑩

①←⑤

▷ =加线
► =剪线

A

1个花样 边缘编织
①

p.46继续→

倒Y字针

绕2次
1针锁针
未完成的长针
4针立起的锁针
基础针

① 在针上绕2次线，编织未完成的长针。

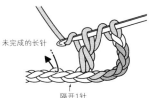

未完成的长针

隔开1针

② 针上挂线，编织未完成的长针。

未完成的长针
2针
1

③ 针上挂线，从靠近针头的2个线圈中引拔出。

2 3

④ 针上挂线，从靠近针头的2个线圈中引拔出。再一次在针上挂线，从钩针上的2个线圈中引拔出。

⑤ 完成。

7 ✳ 铁线莲花样长围巾 …图片见p.12

●材料和工具
线……达摩手编线 蕾丝线#30葵　蓝色(7)110g／5团
针……蕾丝针2号

●成品尺寸
宽23cm、长160cm

●编织密度
花片高8cm

●编织要点
将6针锁针做成圆环，开始编织第1片花片，编织到第4行的中途。

继续编织26针锁针，编织第2片花片。将26针锁针的最后6针做成圆环，线拉至锁针的下侧，挑起指定位置的锁针的半针和里山2根线引拔。在第3针锁针上编织立起的第1行。第1行的最后，做成圆环时，按照相同的要领在26针锁针的指定位置引拔，立针也需要引拔，进入第2行。编织到第4行的中途，移至第3片花片。第3片一边在最后一行与第2片花片相连一边编织，在从第2片移过来时的26针锁针的指定位置引拔，编织第2片剩余的部分。参考图示，连续编织到第60片花片，一边编织各个花片未完成的部分，一边返回至第1片花片，将线剪断。

基础花片

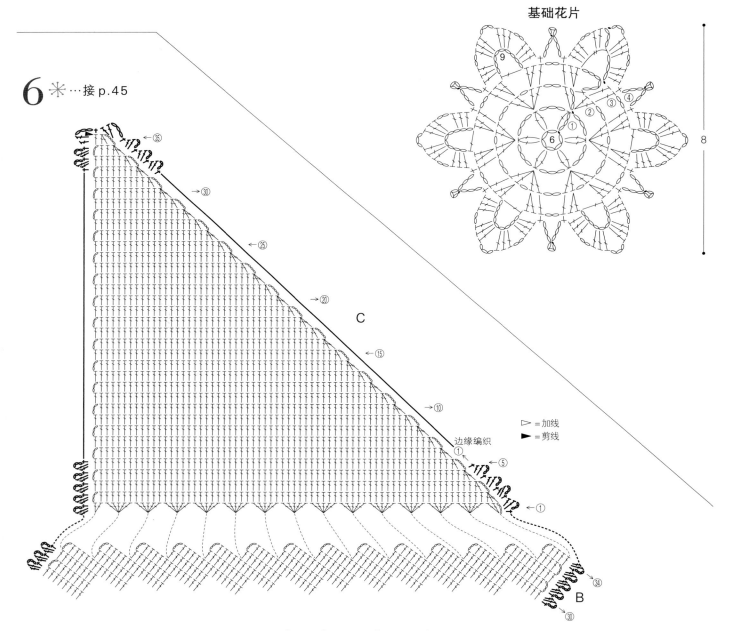

6 ✳ …接p.45

▷ =加线
► =剪线

边缘编织

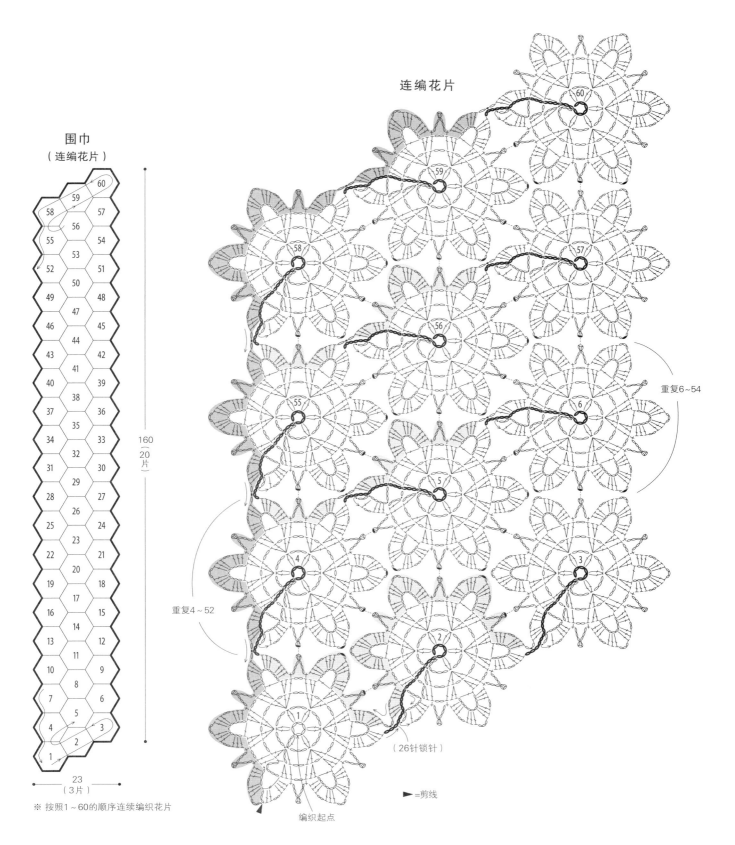

围巾
（连编花片）

连编花片

160
（20片）

23
（3片）

※ 按照1~60的顺序连续编织花片

重复6~54

重复4~52

（26针锁针）

▶＝剪线

编织起点

Lacy Crochet Scarf & Shawl
47

编织花样

1个花样

→⑫⑧
→⑫⑤
→60 76 92 108 128
→55
→50
→45 61 77 93 109

重复16行

→40
←35
→30
←25
→20
←15
→10
←5
→5
←①

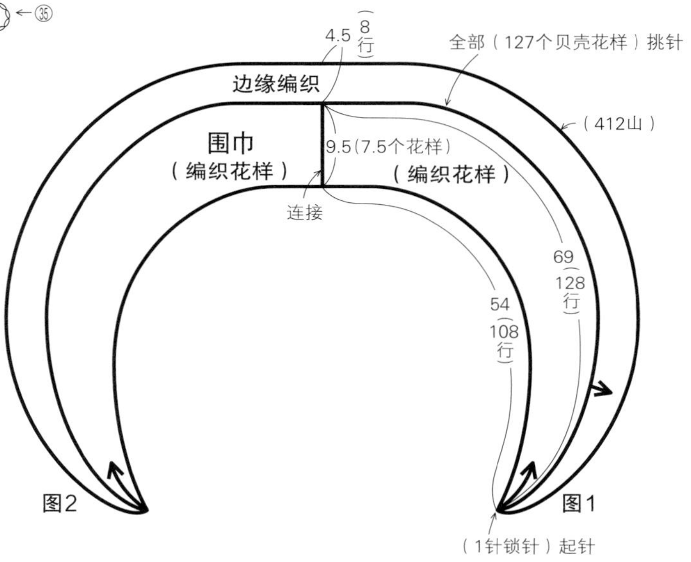

···图片见p.18

11 ✳ 有闪亮珠子的围巾

● **材料和工具**
线……DMC Cebelia #30 水蓝色
(800)60g/2团
针……蕾丝针4号
其他……TOHO 三切米珠 特小 透明
(CR101)2472颗
● **成品尺寸**
最宽处14cm、长108cm(内侧)
● **编织密度**
编织花样 1个花样约1.3cm，10cm
内20行

4.5 (8行)
全部(127个贝壳花样)挑针

边缘编织

围巾
(编织花样) 9.5(7.5个花样) (编织花样)

连接 (412山)

69
128行

54
108行

图2 图1

(1针锁针)起针

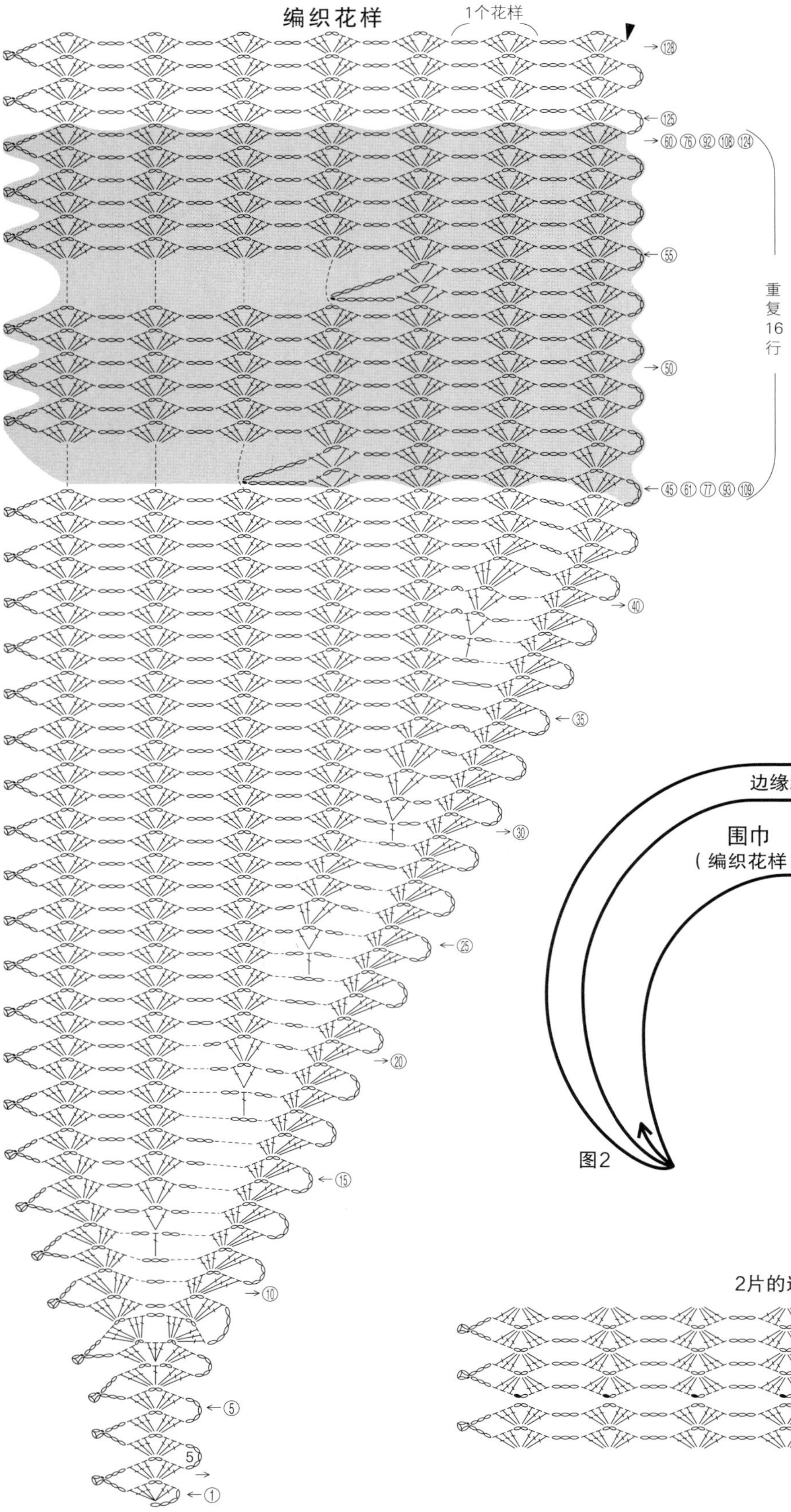

2片的连接方法

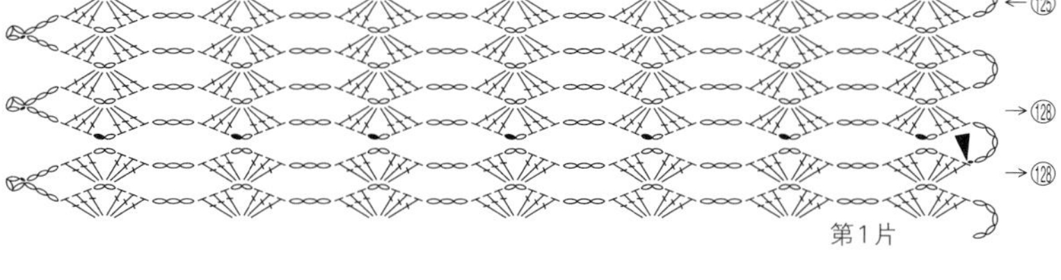

第2片
←⑫⑤
←⑫⑧
→⑫⑨
第1片

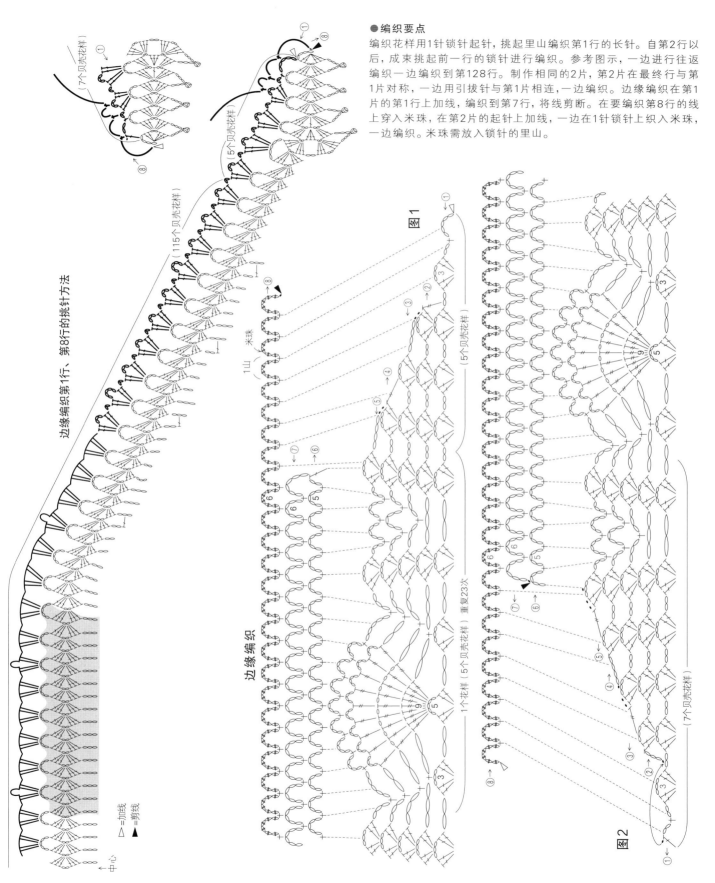

●编织要点

编织花样用1针锁针起针,挑起里山编织第1行的长针。自第2行以后,成束挑起前一行的锁针进行编织。参考图示,一边进行往返编织一边编织到第128行。制作相同的2片,第2片在最终行与第1片对称,一边用引拔针与第1片相连,一边编织。边缘编织在第1片的第1行上加线,编织到第7行,将线剪断。在要编织第8行的线上穿入米珠,在第2片的起针上加线,一边在1针锁针上织入米珠,一边编织。米珠需放入锁针的里山。

9 ✳ 风车花片和网眼针围巾 …图片见p.16

●**材料和工具**
线……和麻纳卡 Flax C 苍绿色(112)115g／5团、蓝绿色(113)
60g／3团
针……钩针3/0号
●**成品尺寸**
宽(网眼针部分)15cm，总长160cm
●**编织密度**
网眼针 1山约1.2cm，10cm内10行

●**编织要点**
花片A编织11针锁针，在从编织起点起第5针上引拔，在中心做圆环起针，然后一片一片地编织风车叶片。挑起起针的半针和里山2根线，编织第1片叶片的第1行，自第2片叶片起，成束挑起锁针进行编织。自第2片花片开始，一边在叶片的第2行和旁边的花片连接，一边进行编织。参考图示为花片配色，连接25片花片，从花片上挑针编织网眼针并做成环形。制作相同的2片，一边编织第2片一边在最终行连接至第1片上。

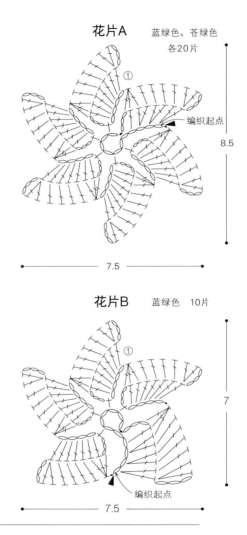

花片A 蓝绿色、苍绿色 各20片

花片B 蓝绿色 10片

围巾 2片

（网眼针）
苍绿色

30

50（50行）

圆环

(25山)挑针

（花片连接）

A 4	A 3	A 2	A 1	A 5
A 10	A 9	A 8	A 7	A 6	A 10
A 14	A 13	A 12	A 11	A 15
A 20	A 19	A 18	A 17	A 16	A 20
B 24	B 23	B 22	B 21	B 25

圆环
苍绿色
蓝绿色

30

37.5（5片）

1针放2针

根部闭合

成束挑起

根部打开
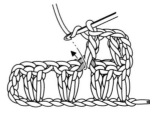

符号图中的根部闭合时，需要分开前一行的1针后挑起；根部打开时，无须分开前一行的针目，全部挑起后编织即可。

第2片

→㊿

←㊿

网眼针

第1片

←⑤

2行1个花样

5

5

1山

←①

花片连接

2

1

5

8

7

6

10

12

11

15

18

17

16

20

22

21

25

▷=加线
►=剪线

12 ❋ 炫彩花片长围巾 …图片见p.21

围巾（连编花片）

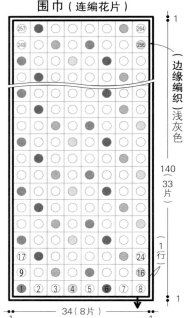

●材料和工具
线……DMC COTTON PERLE 8号
线，颜色、色号和使用量参考下图
针……蕾丝针6号

●成品尺寸
宽36cm、长142cm

●编织密度
花片4.25cm×4.25cm

●编织要点
将4针锁针做成圆环，开始编织花片，钩好第2行后将线剪断。用除浅灰色线外的12种颜色的线，各编织22片花片备用。第3行用浅灰色线编织，在第4行一边与下一片相连一边编织。第1片花片编织12针锁针，然后成束挑起第2行的锁针，编织第3行。第3行的最后，在12针锁针的倒数第3针上引拔，线拉至锁针的下侧，挑起第3针锁针的里山和另一根线引拔。编织2针锁针，然后在隔开2针后的锁针上引拔，开始编织第4行。编织到一半时，编织17针锁针，移至第2片花片。按照与第1片相同的要领编织，一横行编织相连的8片花片。第8片编织好第4行最后的长针后，在第4行开始的一针上引拔，成束挑起花片间的锁针进行编织，返回第7片。返回到第1片后，钩织第2横行的花片。编织到第264片后，返回第257片，继续向下返回第1片，在编织起点的锁针上引拔，完成连编花片。继续做边缘编织。

花片第1、2行的配色

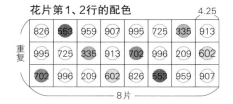

826	553	959	907	995	725	335	913
995	725	335	913	702	996	209	602
702	996	209	602	826	553	959	907

重复 ← | ① | ② | ③ | ④ | ⑤ | ⑥ | ⑦ | ⑧
8片

线的颜色、色号和使用量

颜色	色号	克数（团数）
浅灰色	762	100g（10团）
绿色	702	
天蓝色	996	
浅紫色	209	
粉色	602	
靛蓝色	826	各5g
紫色	553	（各1团）
薄荷绿色	959	
草绿色	907	花片
蓝色	995	各22片
黄色	725	
灰粉色	335	
黄绿色	913	

连编花片

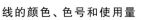

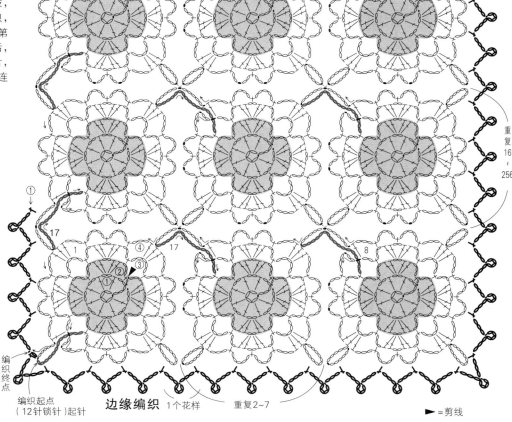

边缘编织　1个花样　重复2~7

编织终点
编织起点（12针锁针）起针

▶ =剪线

13 ✳ 菠萝花样披肩 ···图片见p.22

● 材料和工具
线……达摩手编线 蕾丝线＃30葵
银灰色(13)195g／8团
针……蕾丝针2号

● 成品尺寸
宽33cm、长172cm

● 编织密度
编织花样A　1个花样约3.2cm,10cm
内11.5行

● 编织要点
中间编织121针锁针起针，挑
起锁针的里山做编织花样A的
第1行。继续做编织花样B，将
线剪断。另一侧在起针处加线，
挑起起针针目剩余的2根线开
始编织，按照相同要领编织，
最后处理好线头。

（编织花样B）
（ 5个花样 ）
12
(14)
行

披 肩
（编织花样A）
74
(85)
行

33(121针锁针、10个
花样)起针

（10个花样）挑针

（ 编织花样A ）
74
(85)
行

（编织花样B）
12
(14)
行

▷ =加线
► =剪线

1个花样

编织花样B

编织花样A

6行1个花样

12针1个花样

编织花样A

17 ✳ 菠萝花花边长围巾 ⋯图片见p.30

● **材料和工具**

线⋯⋯DMC COTTON PERLE 8号线　原白色（ECRU）
70g／7团
针⋯⋯蕾丝针6号
布⋯⋯纯棉玻璃纱　宽113cm、长180cm

● **成品尺寸**

宽113cm、长192cm

● **编织密度**

编织花样　1个花样约3.4cm，8.5cm内13行

● **编织要点**

编织495针锁针起针，挑起锁针的里山编织第1
行。自第3行以后均成束挑起前一行的锁针进行
编织。参考图示，处理好布边。将花边重叠于布
的正面，细密地做藏针缝隐藏起针针目。将布
和织片在反面做藏针缝缝合。

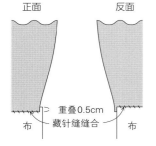

缝合方法

正面　　　　反面

重叠0.5cm
藏针缝缝合
布　　　　　布

※ 布的重叠部分需要先锁边处理

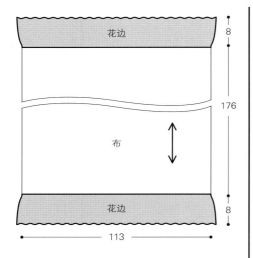

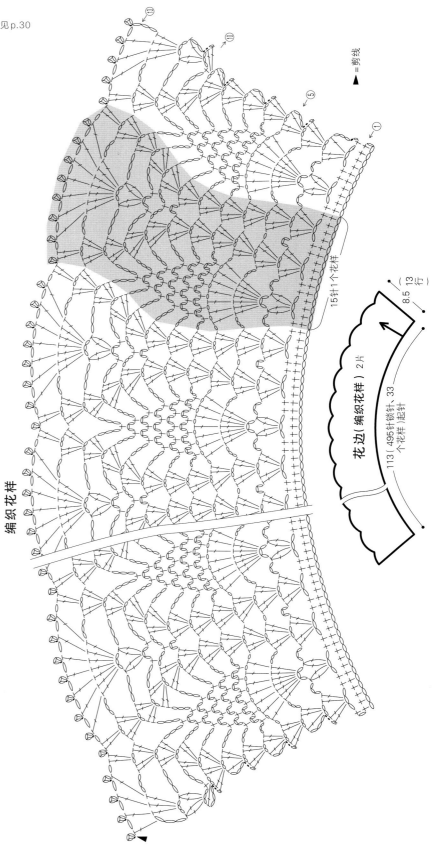

编织花样

15针1个花样

8.5（13行）

花边（编织花样）2片

113（495针锁针，33个花样）起针

▲＝剪线

14 ✳ 玫瑰花图案三角形披肩···图片见p.25

●材料和工具

线······奥林巴斯 金票＃40蕾丝线 米色(731)
110g，50g×2团、10g×1团
针······蕾丝针6号

●成品尺寸
高52.5cm、底边长112cm
●编织密度
10cm×10cm面积内 方眼针21格，22.5行
●编织要点
1针锁针起针，挑起锁针的里山编织第1行。
自第2行以后，除立起的锁针外，均成束挑
起前一行的锁针进行编织。参考图示，一边
加针一边做编织花样，用方眼针编织118行，
继续做边缘编织A、B。

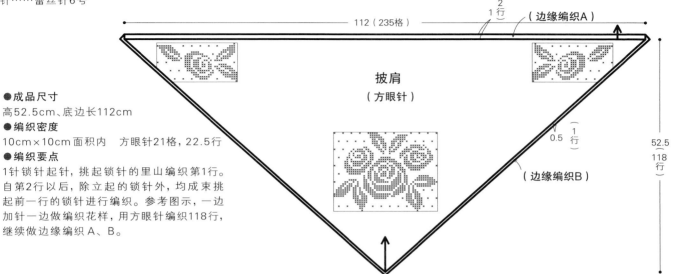

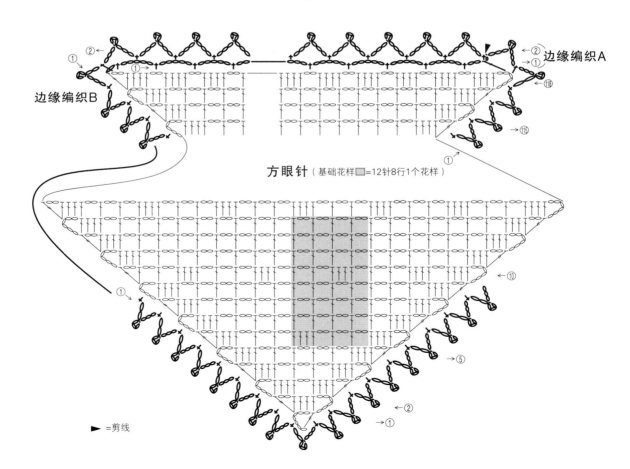

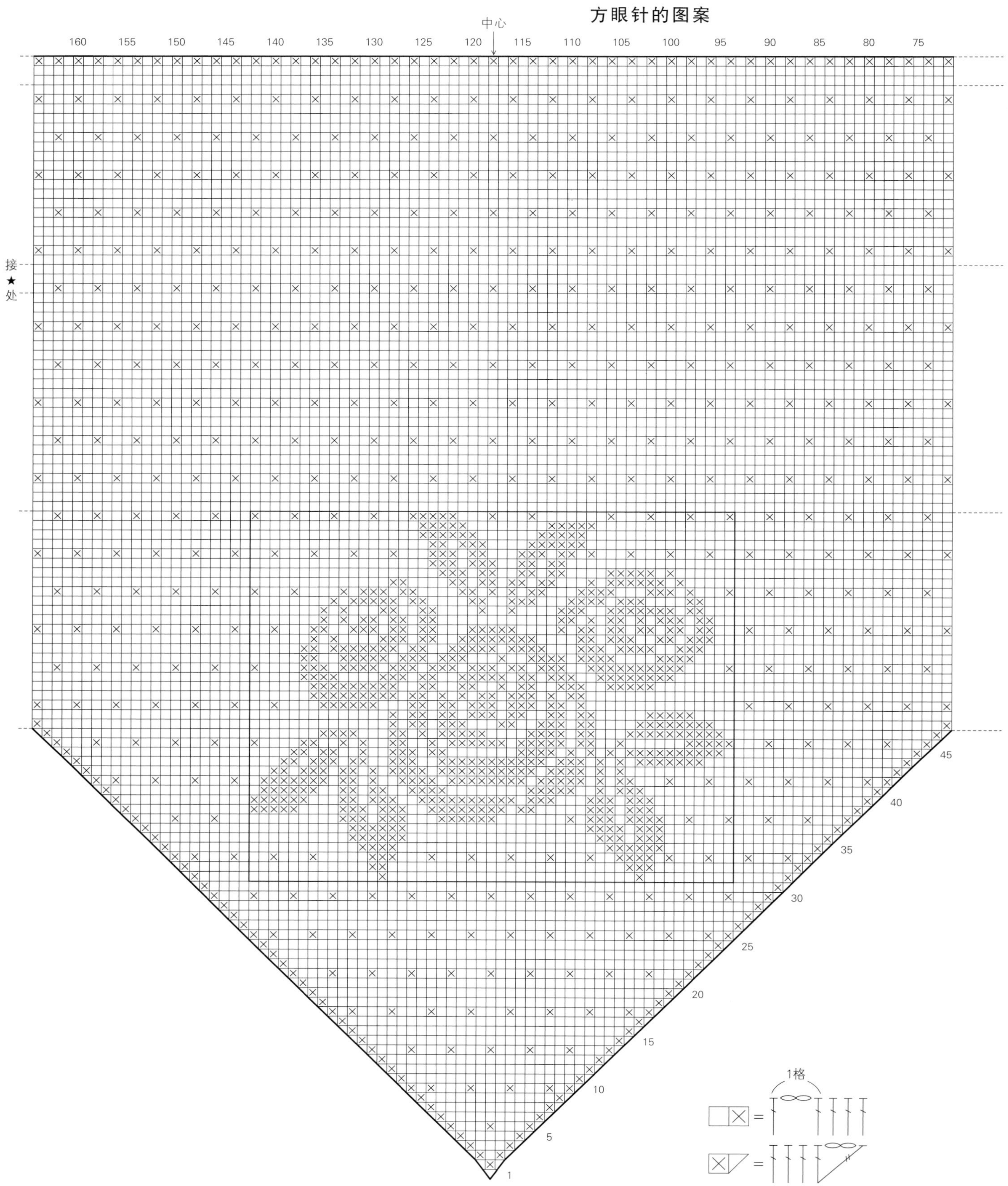

中心

160 155 150 145 140 135 130 125 120 115 110 105 100 95 90 85 80 75

接 ★ 处

45
40
35
30
25
20
15
10
5
1

1格

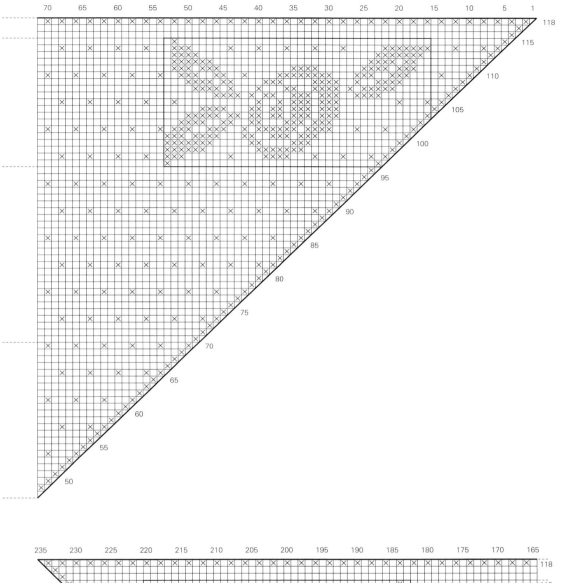

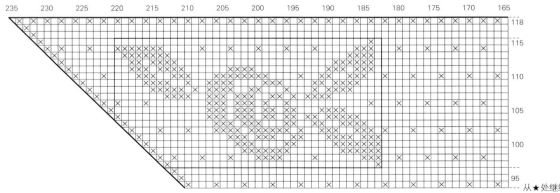

从★处继续

15 ✳ 菠萝花样三角形披肩 ···图片见p.26

●材料和工具
线⋯⋯奥林巴斯 金票＃40蕾丝线 可可色(813)160g，50g×3团、10g×1团
针⋯⋯蕾丝针6号

●成品尺寸
最宽处71.5cm、最长处156cm

●编织密度
编织花样 1个花样约6cm，10cm内22.5行

●编织要点
编织949针锁针起针，挑起锁针的里山做编织花样的第1行。自第2行以后，成束挑起前一行的锁针进行编织。参考图示，一边在中心和两端减针，一边编织到第127行，将线剪断。边缘编织需重新加线，成束挑起起针进行编织。第2行只有两端和中间的长针针数不同，请多加注意。

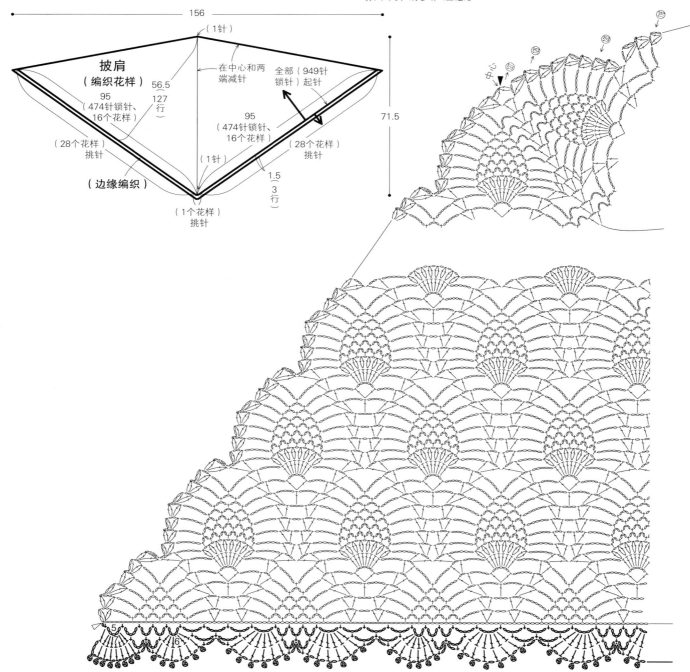

披肩
（编织花样）
95
（474针锁针、16个花样）
（28个花样）挑针
（边缘编织）

156
（1针）
在中心和两端减针
全部（949针锁针）起针
56.5
127行
95
（474针锁针、16个花样）
（28个花样）挑针
71.5
（1针）
（1个花样）挑针
1.5
3行

16 ✳ 菠萝花样圆形披肩 ···图片见p.28

●**材料和工具**
线……达摩手编线 蕾丝线＃40紫野 象牙色(3)75g，25g×3团
针……蕾丝针6号
●**成品尺寸**
最宽处43.5cm、边长88cm（内侧）
●**编织密度**
编织花样 10行为10cm

●**编织要点**
在线端制作圆环起针并开始编织，按照编织花样进行编织。如果前一行是锁针，除起立针外均无须分开针目，成束挑起锁针进行编织即可。在第19行，与菠萝花样纵向相连的山共有12个；在第39行，夹在长针中的7针锁针的山共有13个，需确认后继续编织。编织到第50行后，继续做边缘编织。

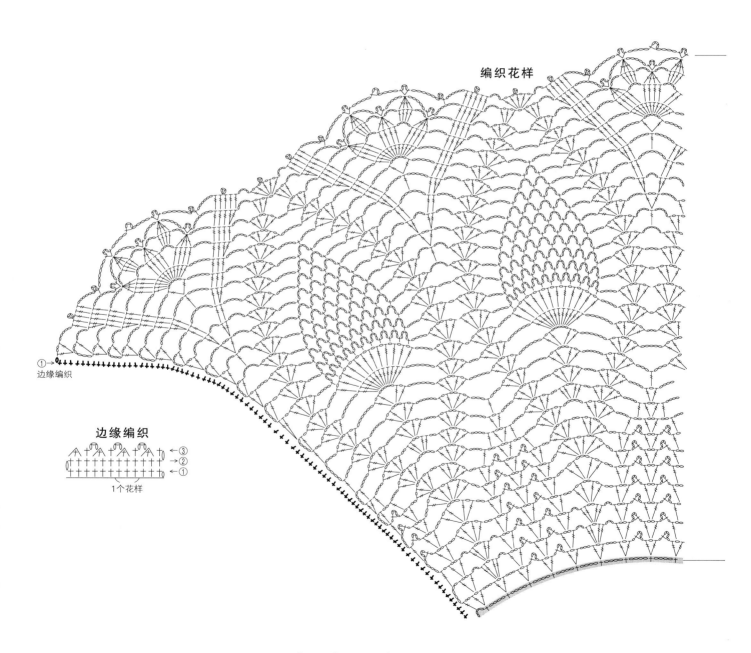

编织花样

边缘编织

①
边缘编织

③
②
①
1个花样

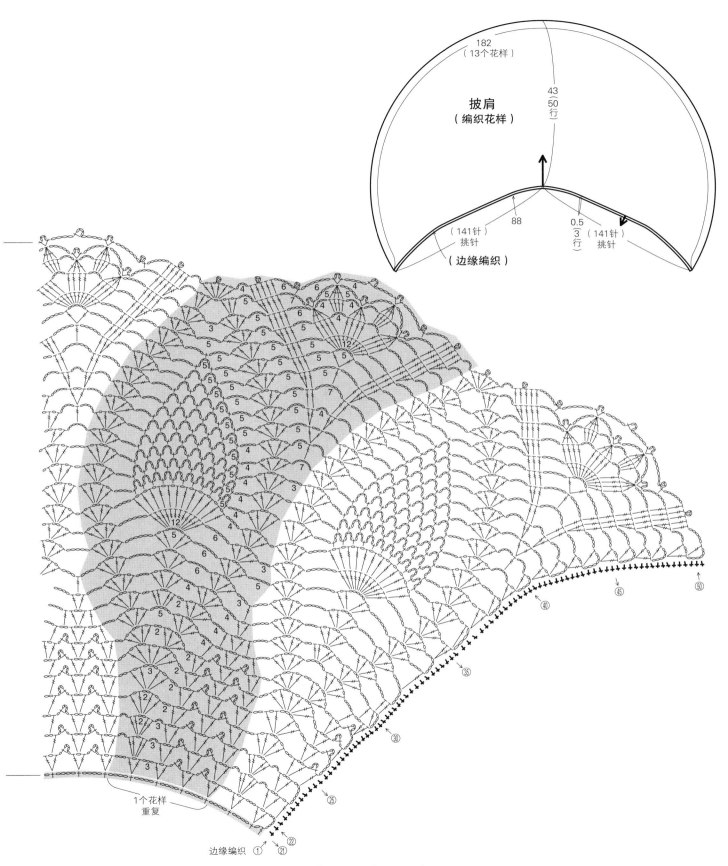

披肩
（编织花样）

182
（13个花样）

43
50
行

88

0.5
3
行

（141针）
挑针

（141针）
挑针

（边缘编织）

1个花样
重复

边缘编织 ①
②① ②②

②⑤

③⓪

③⑤

④⓪

④⑤

⑤⓪

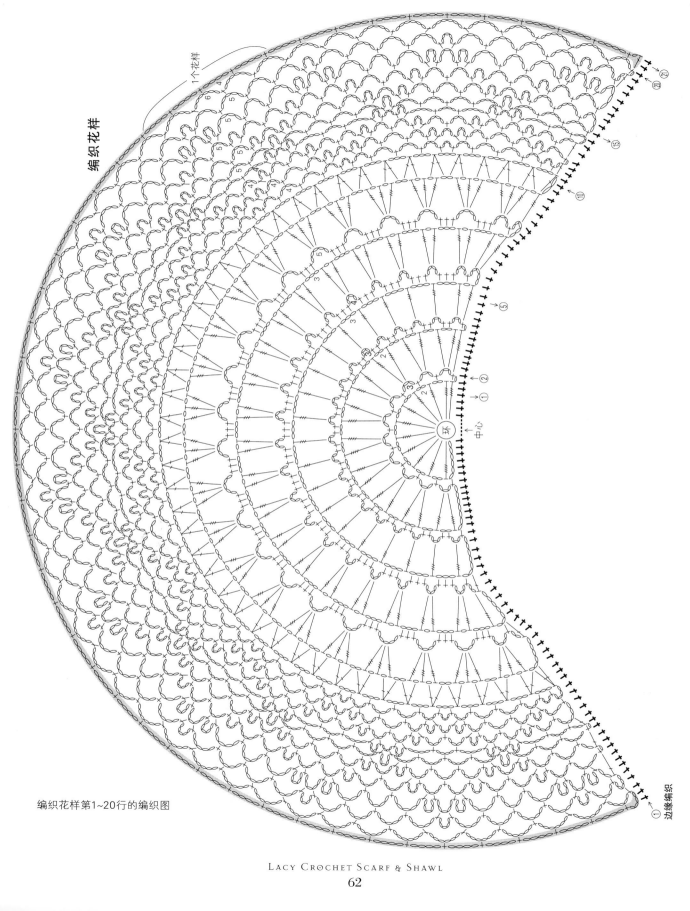

编织花样

1个花样

编织花样第1~20行的编织图

边缘编织

中心

18 ❋ 扇形花样花边披肩 …图片见p.31

● 材料和工具

线……达摩手编线 蕾丝线#40紫野 黄绿色(9)
20g、10g×2团
※ 这个颜色只有10g的线团
针……蕾丝针6号
布……薄棉布 宽51cm，长137cm

● 成品尺寸
宽50cm、长145.5cm

● 编织密度
编织花样 1个花样为5cm（略少），5.75cm内
13行

● 编织要点
编织221针锁针起针，挑起锁针的里山编织第1行。
自第8行以后均成束挑起前一行的锁针进行编织。
编织到第13行后，继续编织边缘的短针。参考图
示，处理好布边。将布放在花边上做藏针缝缝合
以隐藏缝份。

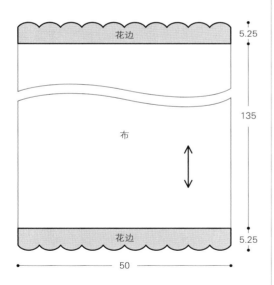

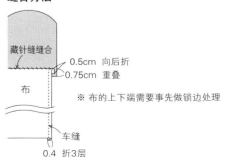

缝合方法

藏针缝缝合
0.5cm 向后折
0.75cm 重叠
布
※ 布的上下端需要事先做锁边处理
车缝
0.4 折3层

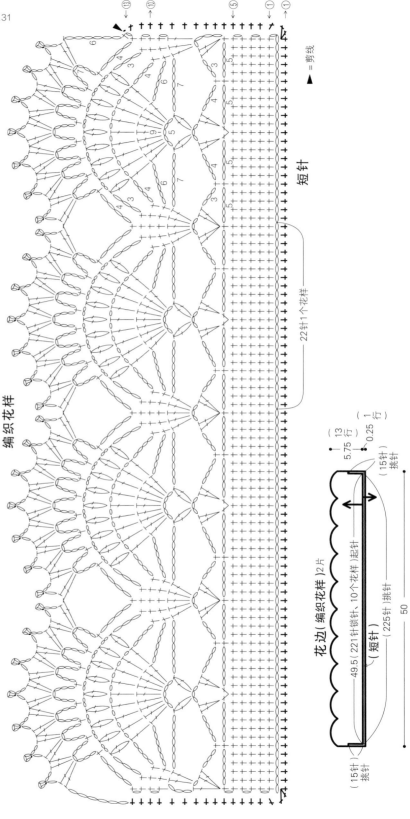

●作品设计

冈真理子　冈本真希子　风工房　河合真弓　岸 睦子　柴田 淳　横山纯子

备案号：豫著许可备字-2018-A-0153

图书在版编目（CIP）数据

优雅的蕾丝花样围巾和披肩/日本宝库社编著；刘晓冉译. —郑州：
河南科学技术出版社，2023.3

ISBN 978-7-5725-1100-4

Ⅰ.①优… Ⅱ.①日… ②刘… Ⅲ.①围巾—手工编织—图解②披
肩—手工编织—图解 Ⅳ.①TS935.5-64

中国国家版本馆CIP数据核字（2023）第027732号

出版发行：河南科学技术出版社
　　　　　地址：郑州市郑东新区祥盛街27号　　邮编：450016
　　　　　电话：（0371）65737028　　65788613
　　　　　网址：www.hnstp.cn
责任编辑：张　培
责任校对：耿宝文
封面设计：张　伟
责任印制：张艳芳
印　　刷：北京盛通印刷股份有限公司
经　　销：全国新华书店
开　　本：889 mm×1194 mm　1/16　印张：4　字数：150千字
版　　次：2023年3月第1版　　2023年3月第1次印刷
定　　价：49.80元

如发现印、装质量问题，影响阅读，请与出版社联系并调换。

LACY CROCHET SCARF & SHAWL

分类建议：生活／手工

ISBN 978-7-5725-1100-4

9 787572 511004 >

定价：49.80 元

中原出版
CENTRAL CHINA PUBLISH

河南科学技术出版社
抖音账号

河南科学技术出版社
天猫旗舰店

手工图书百花园
微信公众号